从小爱科学——物理真奇妙（全6册）

妈妈是
实验队长

［韩］金洵成　著
［韩］郑媞仁　绘

千太阳　译

U0220509

石油工业出版社

袁宇和妈妈一起来到沙滩上玩沙子。

蛤蟆，蛤蟆，给你旧家，给我新家。

妈妈和袁宇一边唱歌，一边建起了"蛤蟆家"。

迅速抽出放进沙子里的手，"蛤蟆家"一下子就塌了下来。

哪怕"蛤蟆家"倒了，妈妈和袁宇也哈哈大笑。

"汪汪！"

小白也高兴得跳来跳去。

"我们来堆城堡吧。"

袁宇和妈妈堆了很多沙子，然后敲敲打打
开始建沙子城堡。

"接下来，只要往上面插上一杆旗帜……"

"完成喽！"

袁宇望着建好的城堡，心中一阵自豪。

"该回家了。"

妈妈和袁宇用铁锹铲了一些沙子装进塑料桶里，因为袁宇和妈妈约定好回家后一起做实验。

唰！

正当妈妈、袁宇和小白要离开海边的时候，一阵波涛袭来，一口吞掉了整个城堡。

"太可惜了！"

袁宇和妈妈约定以后再来建城堡，就回家了。

回到家后，妈妈拿出带有细孔的筛子和装有铁粉的圆桶。

"现在开始进行沙子实验第一弹！"

妈妈将塑料桶里的沙子倒在筛子上。

"妈妈，这么做沙子都会漏掉的。"

袁宇说道。

"嘘，先不要说话！"

妈妈拿着筛子一会儿抖一会儿敲。

沙子纷纷从筛子上的小孔中掉落下来。

不过，并不是所有的东西都能穿过筛网。

能够穿过筛网的都是如白糖颗粒大小的细沙，而比筛孔更大的石子和贝壳等东西则被留在了筛子上。

"原本看着的时候是不是觉得都差不多大？可是沙子里其实还掺杂着许多体积更大的颗粒。"

妈妈告诉袁宇，如果某些东西里掺杂着其他大小不同的东西，就可以像现在这样用筛子筛选出来。

什么是混合物？

沙子、土之类的东西，乍一看感觉都是由体积差不多的小颗粒组成。但是若使用筛孔较小的筛子过滤，就能发现里面混杂着其他更大的颗粒。另外，这些颗粒的形状和颜色也是各有差异。就像这样，相互不同的东西，维持着各自的性质，相互掺杂在一起的，我们称之为"混合物"。

咕噜噜！袁宇的肚子发出了声音。

咕噜噜！妈妈的肚子也发出了声音。

"我们先吃点东西，等会儿再进行沙子实验第二弹吧。"

"好的！"袁宇用洪亮的声音回答说。

不过，当他想要跑回屋子里的时候，妈妈突然叫住了他："等一下！"

　　"袁宇，进屋之前先抖掉身上的沙子，还有别忘了洗手洗脚！"

　　"哦，差点给忘了！"

　　袁宇用手抖掉了粘在身上的沙子，然后往洗脸盆里倒进水，洗了洗手。

　　不过，当他想要洗脚，将脚放入盆里的那一刻，脚下好像踩到了一些粗糙的东西。

　　"啊，我的脚掌感觉好奇怪啊。"

原来那是沉到盆底部的沙子。

"沙子不会溶于水，而且密度比水大，所以会在水中下沉。"

妈妈解释说。

沙沙！

袁宇并不讨厌踩沙子的感觉。

"快过来吃点心了！"

听到妈妈的叫喊声，袁宇急忙将脚拿出来，然后一把将盆里的水泼了出去。

不过，盆里仍然残留着一些沙子。

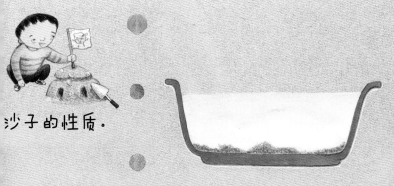

沙子的性质.

沙子不溶于水，会沉在水底. 因此，想要过滤掉沙子，只需轻轻倒掉上面的水就可以了.

妈妈和袁宇面对面地坐在一起，开心地吃起了面包。

"我们家的小白也该饿了。"

妈妈和袁宇提着给小白吃的牛奶和饼干来到了院子里。

闻到香味的小白，流着口水，蹦蹦跳跳
地朝袁宇和妈妈跑了过来。

嘭！

小白闯祸了！

它在朝袁宇和妈妈跑来的途中，撞倒了装着沙子的塑料桶，塑料桶倒下时又碰倒了装有铁粉的圆桶。所以小白就倒在了铁粉和沙子堆里。

"哈哈，小白成了斑点狗！"

袁宇指着小白哈哈大笑。

因为小白身上的铁粉看起来就像是黑色的斑点。

　　在袁宇哈哈大笑的时候，妈妈用扫帚打扫地上的沙子和铁粉。

　　收拾好了之后才发现，掺在一起的沙子和铁粉还真不少。

　　"哎，都掺在一起了这该怎么办呢？"

　　袁宇一脸担忧地叹息道。

"不用担心！妈妈用沙子实验第二弹解决这个问题。"

　　妈妈回到屋里拿出来一块巨大的磁铁。

　　袁宇非常好奇妈妈将用磁铁做什么实验。

　　袁宇下意识地咽了下口水，他感觉自己的心在"扑通扑通"跳个不停。

　　"我们先把斑点狗，还原成当初的小白吧！"

说着，妈妈就将磁铁放到小白身上有黑色斑点的地方。

嗖嗖！

随着妈妈不断用磁铁触碰黑色斑点的区域，黑色斑点居然一点点消失不见了。

"怎么样？是不是很惊讶？"

不知不觉，小白身上的黑色斑点居然全部消失了。

"这就是磁铁的力量！"

妈妈笑着说。

此时，磁铁上已经沾满了密密麻麻的铁粉。

"接下来，我们该解救掺在沙子里的铁粉了！"

神奇地是磁铁居然将藏在沙子中的铁粉全部吸了出来。

"是不是感到很神奇？事实上，若是沙子和铁粉掺在一起，由于它们的体积都很小，一般很难筛选出来。不过，重要的是它们之间仍然存在很大的区别：铁粉会受到磁铁的吸引，但沙子却不会。因此，只要用磁铁吸出铁粉，剩下的就是沙子了。"

　　如果一种混合物是由像铁粉一样受磁铁吸引的物质和像沙子一样不受磁铁影响的物质组成，那我们就可以利用磁铁轻松地分离它们。因为只要用磁铁吸出受磁力影响的物质，那剩下的就是不受磁力影响的物质了。例如黄豆和铁珠子混在一起时或铁渣与木渣混在一起时，我们都可以利用磁铁来分离它们。

"今天的沙子实验结束！"

袁宇觉得自己今天学到了很多知识，心情非常激动。

片刻后，袁宇和妈妈把沙子弄脏的院子打扫得干干净净。

清除掉铁粉的沙子也被重新装进了塑料桶里。

呼！

这时，一阵风刮了过来。

天上瞬间下起了花雨。

妈妈和袁宇打扫干净的院子里和装
有沙子的塑料桶里都落满了花瓣。

小白不停地抖着身子，想要将落在
身子上的花瓣抖落。

妈妈和袁宇很喜欢花雨，就一直站
在院子里，默默地享受着。

渐渐地，天黑了。

今天，月亮和星星不知为何都藏到了被子里，这让天色显得更加昏暗。

"看来要下春雨了。"妈妈说道。

嗖！刮风了。

啪啪！唰！

远处也传来海浪拍打海岸的声音。

袁宇渐渐进入了梦乡。

第二天清晨。

袁宇被"滴滴嗒嗒"雨落的声音吵醒了。

外面下着清新的春雨。

放在院子里的塑料桶早就灌满了水。

粉红色的花瓣在水面上漂浮。

也许妈妈今天的实验是分离淹没在水中的花瓣和沙子。

我们来区分一下周围的物质吧

观察一下，我们就会发现周围存在着各种物质。这些物质大致上可分为纯净物、混合物以及化合物。

我们在写字时用的铅笔中间有一根铅笔芯。铅笔芯是由一种叫作碳的物质构成的。

▲铅笔芯

因此，铅笔芯属于"纯物质"。除了铅笔芯之外，我们呼吸时需要的氧气以及闪闪发亮的金子等都属于纯净物。

我们的周围还有很多其他类型的物质。例如由水和盐混合而成的盐水。我们称之为"混合物"。

除此之外，有些物质一旦混合就会转变性质，成为另一种完全不同的新物质。这样形成的物质很难分离成混合之前的物质。我们称之为"化合物"。

盐看起来像是纯物质，但它其实是由钠和氯结合在一起构成的化合物。

▲盐

让我们分离
一下混合物

我们的周围存在很多由两种以上的物质混在一起形成的混合物。我们虽然不会特意去分离它，但它其实是可以分离的。

那么，让我们来看看这些混合物是如何被分离的吧。

首先，用黑色的水彩笔在白色纸条的一端画一个点，然后将这端浸泡在水中。这时，我们可以发现，紫色、橘黄色、绿色等各种颜色会顺着纸条渐渐扩散上来。就像这样，颜色之所以会被分离，是因为组成黑色墨水的各种物质移动速度不一样所造成的。

另外，当泥水放置一段时间后，土会沉到底部，土中的各种小渣滓则会漂浮在水中。

如此一来，我们就可以从中分离出小渣滓、土、水等三种物质了。

就像这样，拥有不同特征的混合物，其分离的方法也是大相径庭。

▼黑色水彩笔墨水的色彩分离实验

 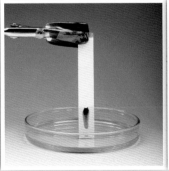 

1 妈妈在筛选从海边装来的沙子时所使用的工具是什么？

2 不同的物质相互混合在一起形成的物质叫什么？

3 当将磁铁放到沙子和铁粉的混合物上时，会被磁铁吸走的是什么物质？

铁粉

答案 1. 筛子 2. 混合物 3. 铁粉